KB037518

PROBLEM SOLVING COMPETENCY PROGRAM

MAZE
GAME
365
PREMIUM

길찾기 미로게임 365

브레인 트레이닝 프로젝트

• Maze Creative Academy

푸른미디어

미로게임이란?

미로게임의 유래는 고대 그리스 신화에 거슬러 올라갑니다. 미로는 미누타우로스라 불리는 괴물이 숨어있는 다이다로스가 딸을 구하려고 만든 구조물로 유명합니다. 그리스 신화에서 이와 관련된 이야기들은 미로를 탐험하고 도전하는 요소를 가지고 있어, 미로는 고대부터 게임이나 도전의 요소로 사용되어왔습니다. 이후에도 역사적으로 다양한 문화에서 미로 및 미로게임이 등장하여 현재의 다양한 형태로 이어졌습니다.

미로게임은 플레이어가 미로 속에서 목표 지점에 도달하거나 특정 과제를 완수하는 게임입니다. 주로 미로 내의 길을 찾거나 피해야 할 장애물을 피하면서 진행됩니다. 미로게임은 전략, 문제 해결, 공간 인지 능력을 향상시키는 데 도움이 되며, 다양한 플랫폼에서 다양한 형태로 즐길 수 있습니다.

미로게임의 장점

미로게임은 플레이어에게 여러 가지 효과를 제공할 수 있습니다. 미로게임은 주로 다음과 같은 측면에서 긍정적인 영향을 미칩니다.

1. 문제 해결 능력 향상 : 미로를 탐험하면서 플레이어는 다양한 도전에 직면하게 되어 문제를 해결하는 능력이 향상됩니다.

2. 공간 인지 능력 강화 : 미로에서 길을 찾는 과정은 공간 인지 능력을 향상시키고 뇌를 활성화시킵니다.

3. 전략적 사고 촉진 : 특히 복잡한 미로게임에서는 미리 계획을 세우고 전략을 짜야 하므로 전략적 사고 능력을 키울 수 있습니다.

4. 스트레스 해소 : 게임은 일상 생활에서의 스트레스를 해소하고 긴장을 풀어주는 역할을 합니다.

5. 자기 동기 부여 : 미로를 통과하는 성취감은 자기 동기 부여에 긍정적인 영향을 미칩니다.

이러한 이유들로 미로게임은 교육, 훈련, 또는 취미로서 다양한 환경에서 활용됩니다.

MAZE GAME

365

PREMIUM

Question **001**

Question **002**

Question **008**

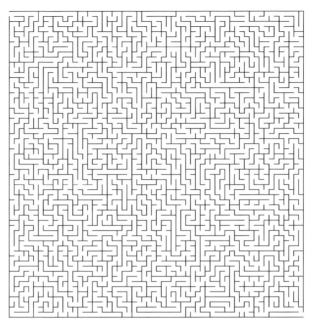

Question **012**

Question **016**

Question **020**

Question **024**

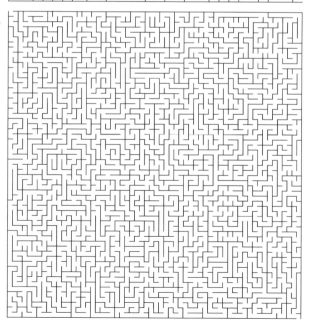

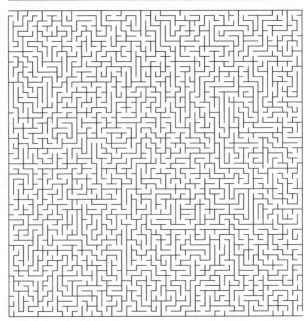

Question 028

Question **032**

Question **033**

Question **034**

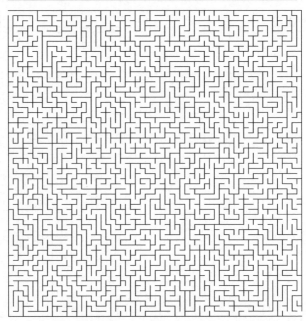

Question **036**

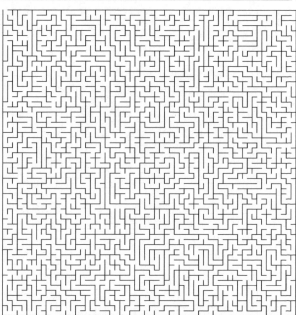

Question **039**

Question **040**

Question **044**

Question 048

Question **052**

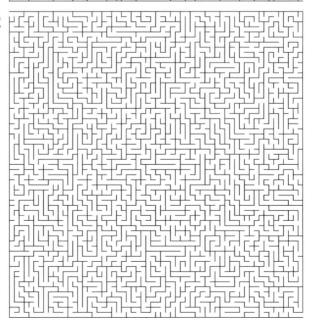

Question 056

Question **060**

Question **063**

Question **064**

Question **065**

Question **066**

Question **068**

Question 072

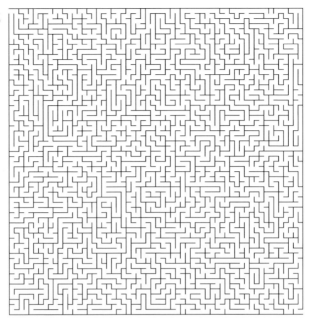

Question **076**

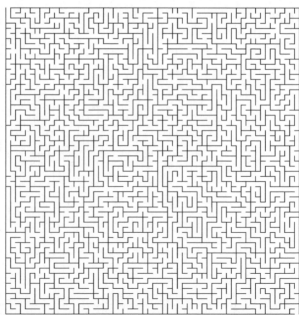

Question **080**

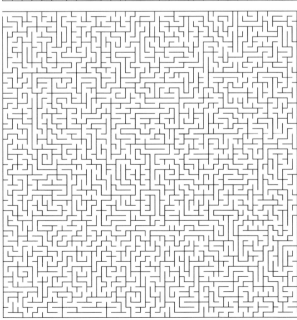

Question **084**

Question **085**

Question **086**

Question **088**

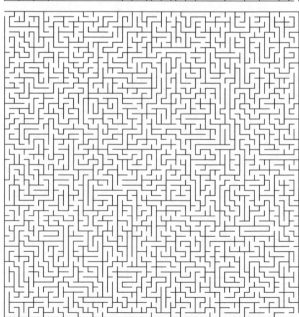

Question **092**

Question **096**

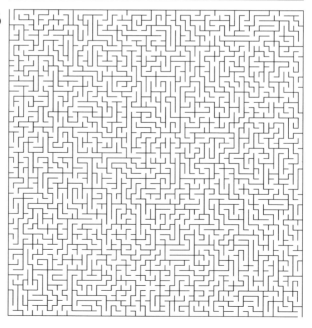

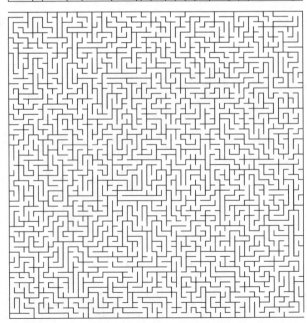

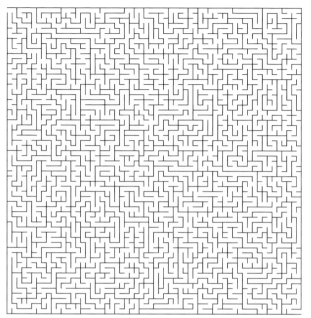

Question **100**

Question **101**

Question **102**

Question **104**

Question **105**

Question **106**

Question **108**

Question **109**

Question **110**

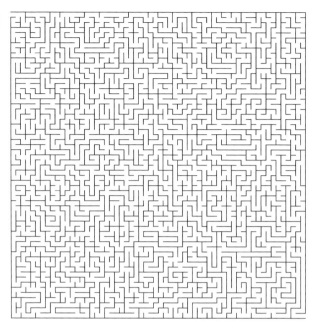

Question **112**

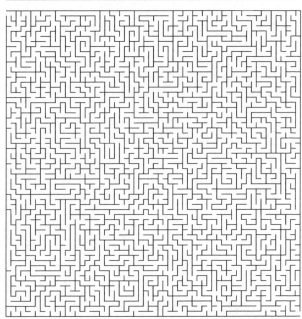

Question **116**

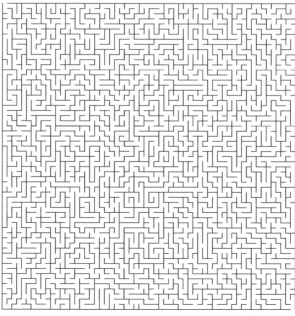

Question **117**

Question **118**

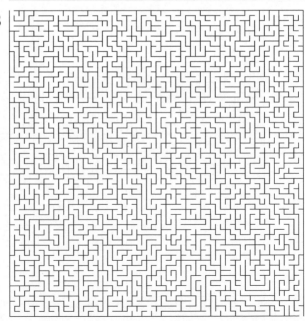

Question **120**

Question **121**

Question **122**

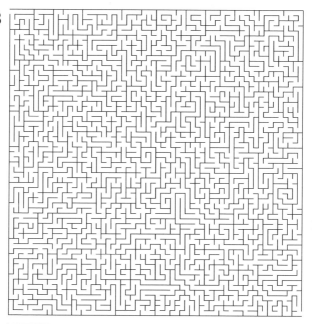

Question **124**

Question **128**

Question **132**

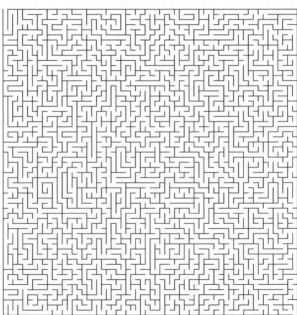

Question **136**

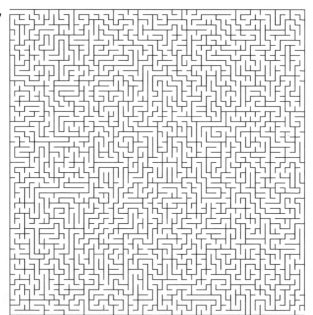

Question **140**

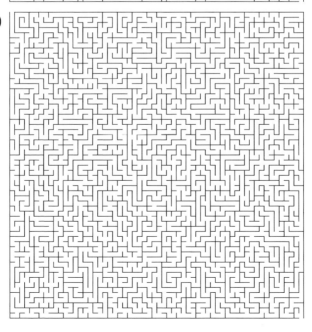

Question **144**

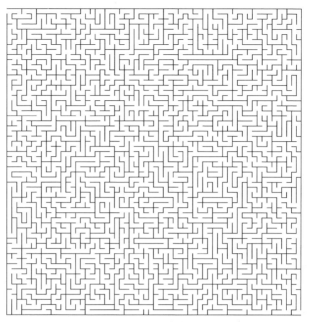

Question **148**

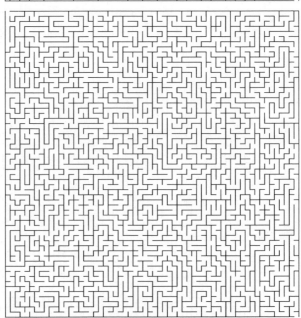

Question **152**

Question 153

Question 154

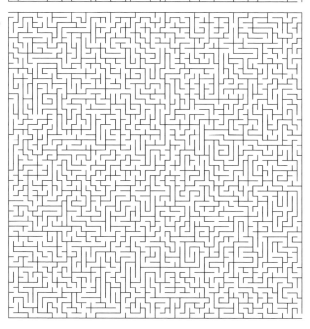

Question **156**

Question **157**

Question **158**

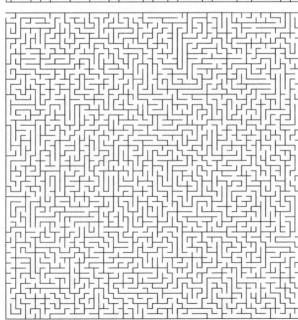

Question **160**

Question **163**

Question **164**

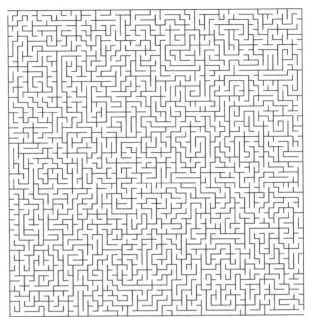

Question **167**

Question **168**

Question **169**

Question **170**

Question **172**

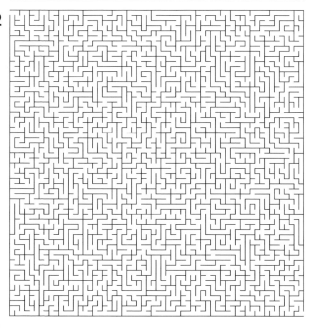

Question **176**

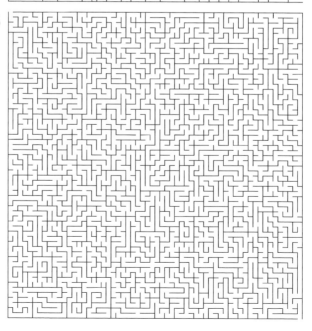

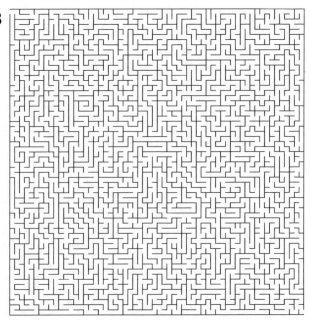

Question **184**

Question **185**

Question **186**

Question **188**

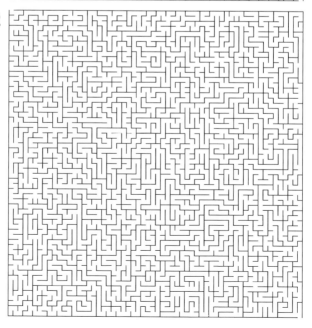

Question **192**

Question **196**

Question **197**

Question **198**

Question **200**

Question **204**

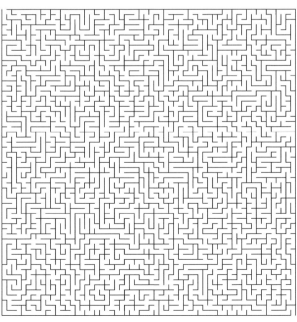

Question **208**

Question **209**

Question **210**

Question **212**

Question **213**

Question **214**

Question **215**

Question **216**

Question **220**

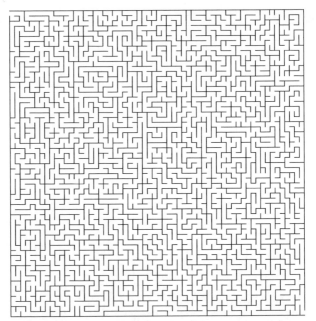

Question **223**

Question **224**

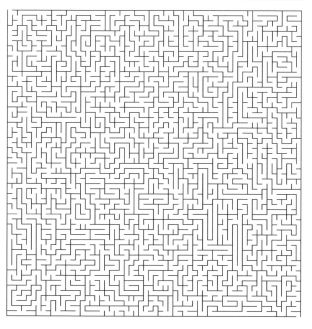

Question **228**

Question **229**

Question **230**

Question **232**

Question **233**

Question **234**

Question **236**

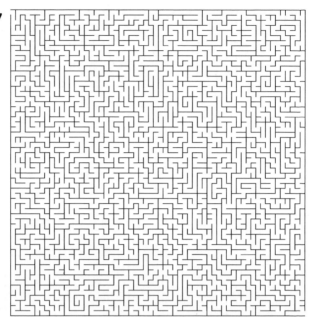

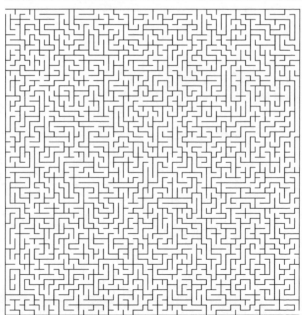

Question **240**

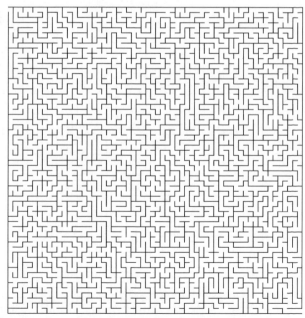

Question **243**

Question **244**

Question **248**

Question **252**

Question **256**

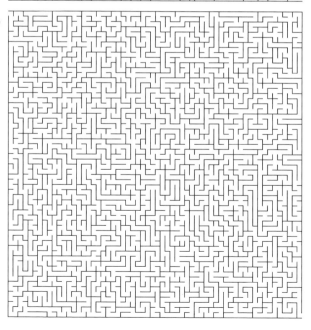

Question **260**

Question **261**

Question **262**

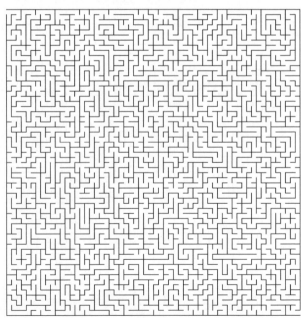

Question **264**

Question **265**

Question **266**

Question **268**

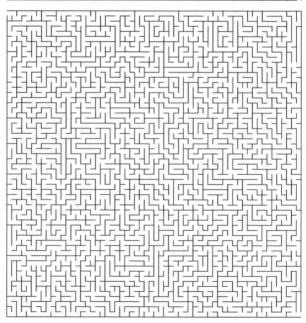

Question **271**

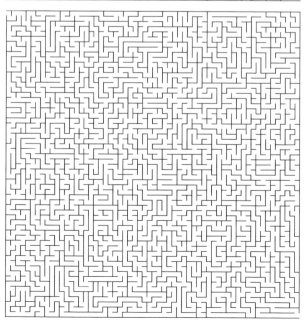

Question **272**

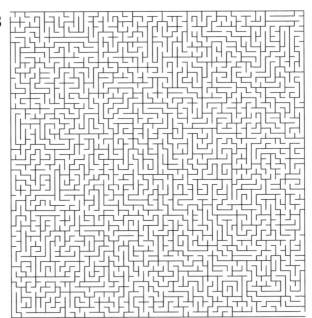

Question **276**

Question **279**

Question **280**

Question **281**

Question **282**

Question **283**

Question **284**

Question **288**

Question **289**

Question **290**

Question **292**

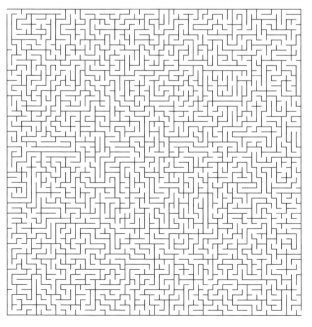

Question **293**

Question **294**

Question **296**

Question **297**

Question **298**

Question **300**

Question **304**

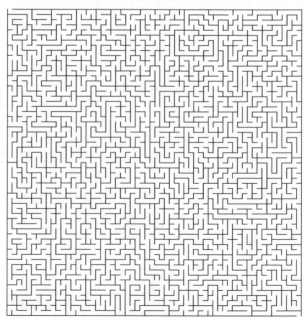

Question **308**

Question **309**

Question **310**

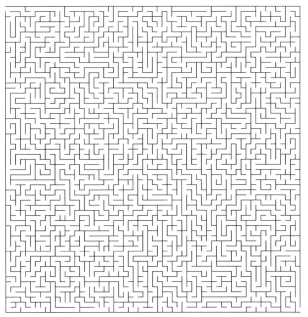

Question **312**

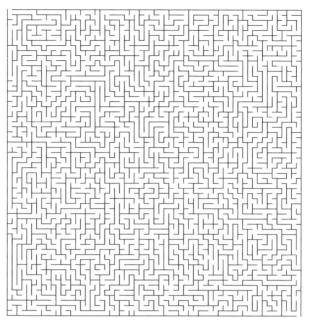

Question **316**

Question **317**

Question **318**

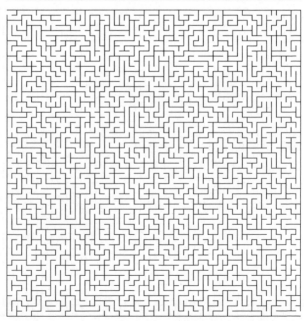

Question **320**

Question **324**

Question **328**

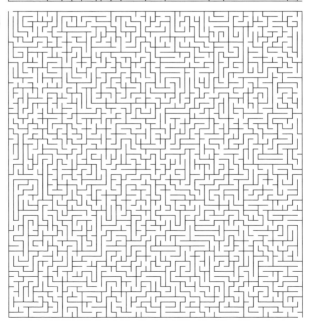

Question **329**

Question **330**

Question **331**

Question **332**

Question **333**

Question **334**

Question **336**

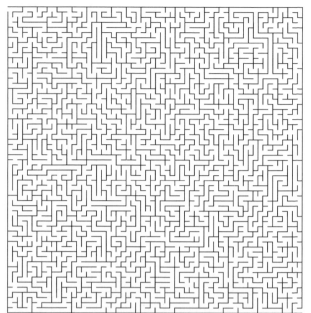

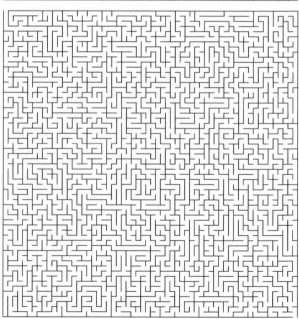

Question **340**

Question **344**

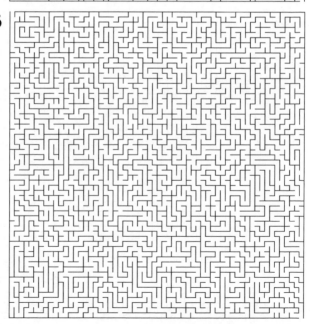

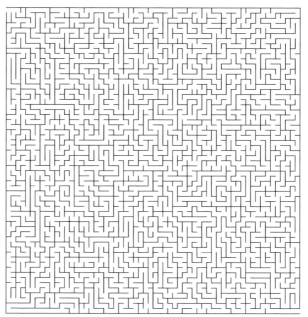

Question **348**

Question **351**

Question **352**

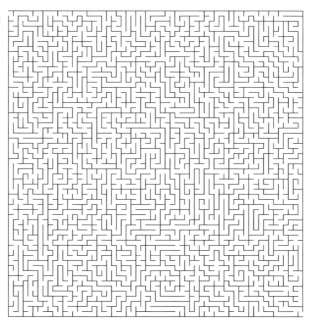

Question **360**

Question **361**

Question **362**

Question **364**

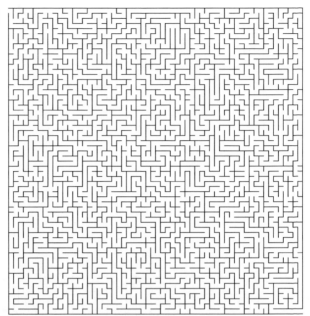

Answer **001**

Answer **002**

Answer **003**

Answer **004**

Answer **005**

Answer **006**

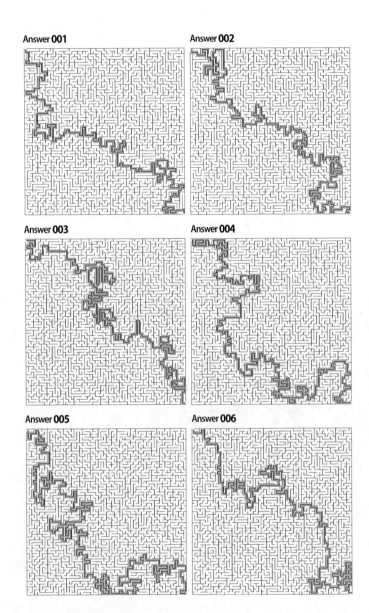

Answer **007**

Answer **008**

Answer **009**

Answer **010**

Answer **011**

Answer **012**

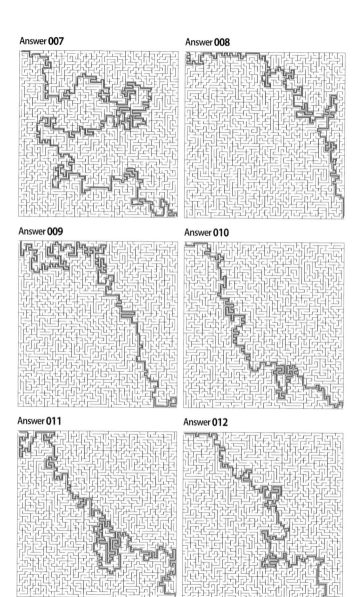

Answer **013**

Answer **014**

Answer **015**

Answer **016**

Answer **017**

Answer **018**

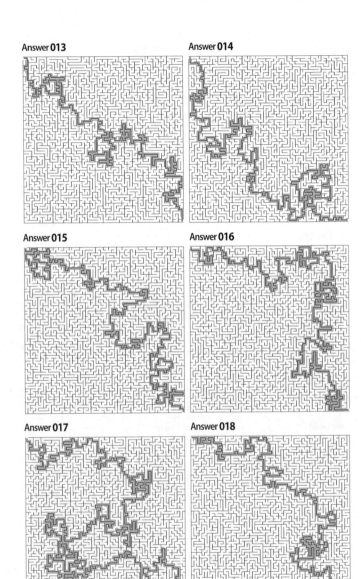

Answer **019**

Answer **020**

Answer **021**

Answer **022**

Answer **023**

Answer **024**

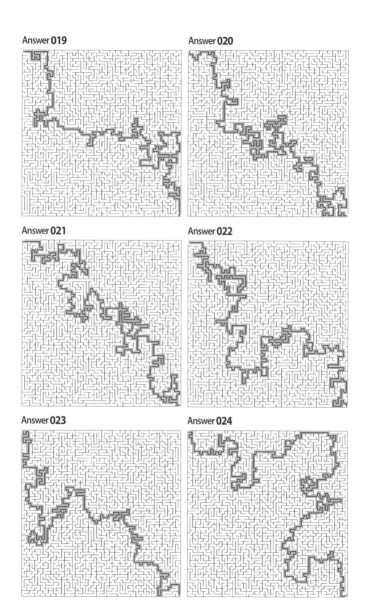

Answer **025**

Answer **026**

Answer **027**

Answer **028**

Answer **029**

Answer **030**

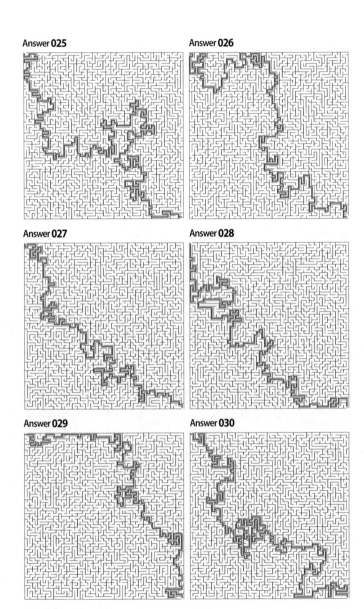

Answer **031**

Answer **032**

Answer **033**

Answer **034**

Answer **035**

Answer **036**

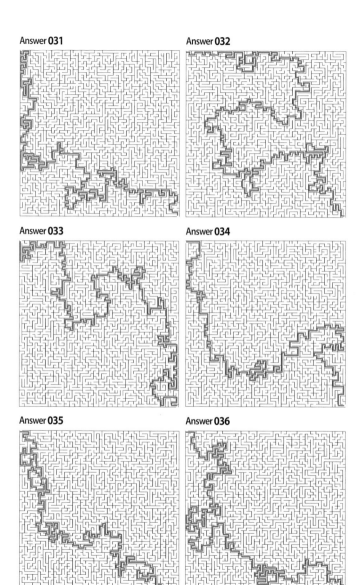

Answer **037**

Answer **038**

Answer **039**

Answer **040**

Answer **041**

Answer **042**

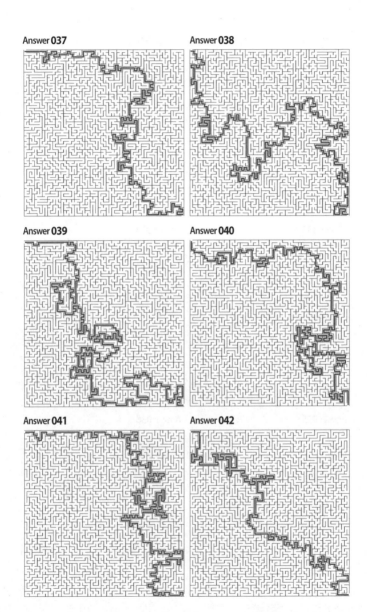

Answer **043**

Answer **044**

Answer **045**

Answer **046**

Answer **047**

Answer **048**

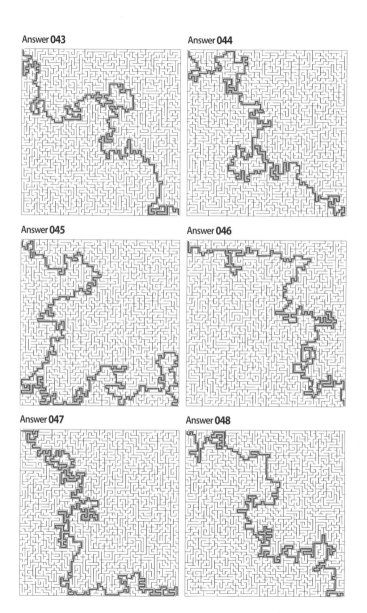

Answer **049**

Answer **050**

Answer **051**

Answer **052**

Answer **053**

Answer **054**

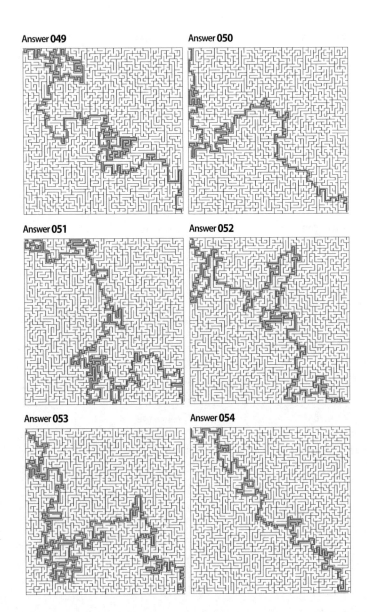

Answer **055**

Answer **056**

Answer **057**

Answer **058**

Answer **059**

Answer **060**

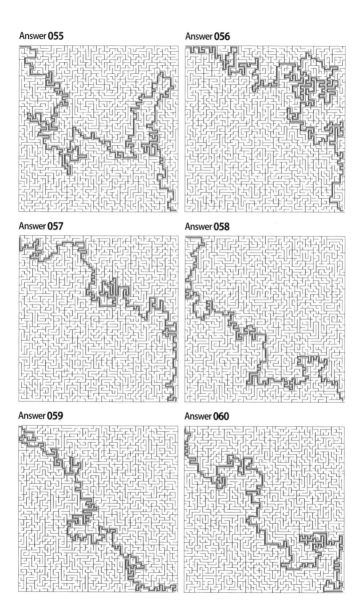

Answer **061**　　　　　　Answer **062**

Answer **063**　　　　　　Answer **064**

Answer **065**　　　　　　Answer **066**

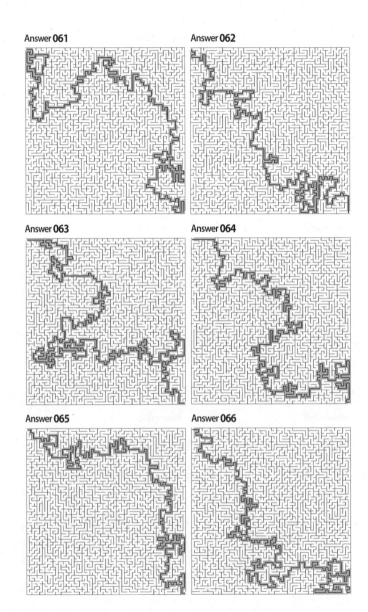

Answer **067**

Answer **068**

Answer **069**

Answer **070**

Answer **071**

Answer **072**

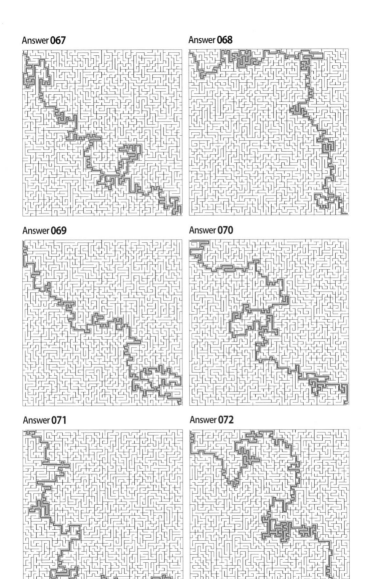

Answer **073**

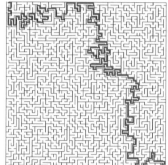

Answer **074**

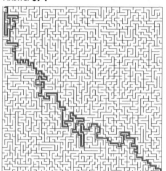

Answer **075**

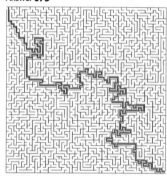

Answer **076**

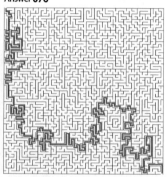

Answer **077**

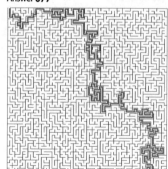

Answer **078**

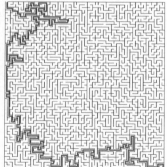

Answer **079**

Answer **080**

Answer **081**

Answer **082**

Answer **083**

Answer **084**

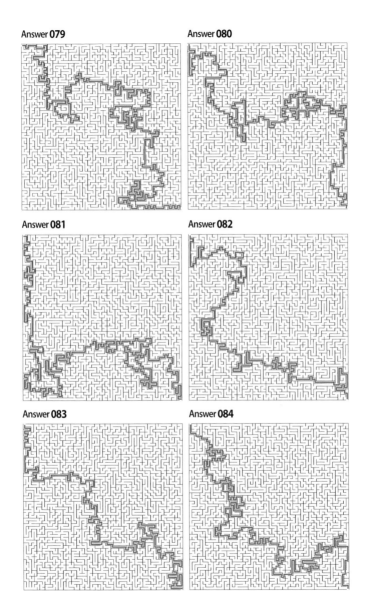

Answer **085**

Answer **086**

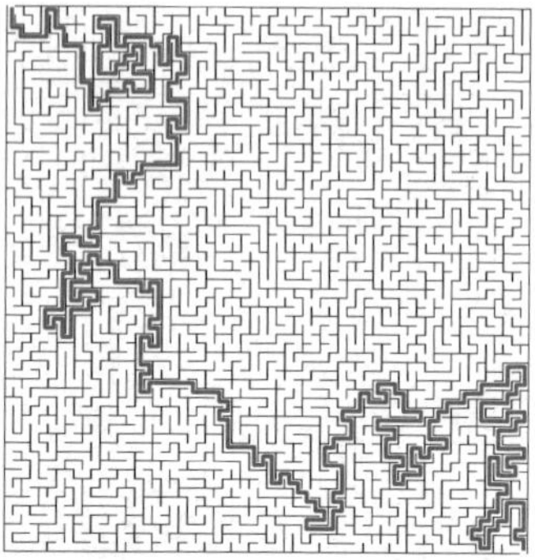

Answer **087**

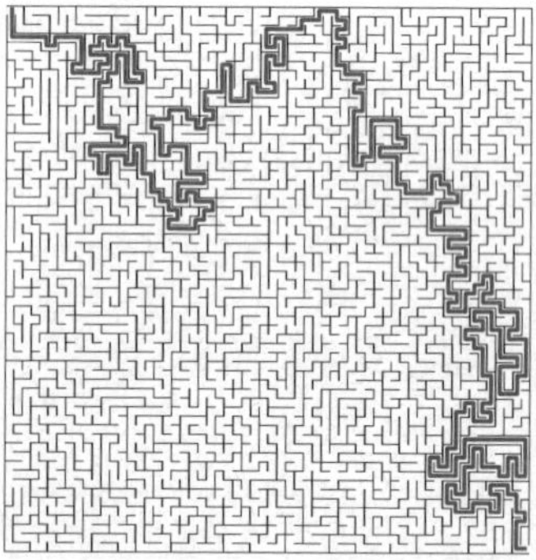

Answer **088**

Answer **089**

Answer **090**

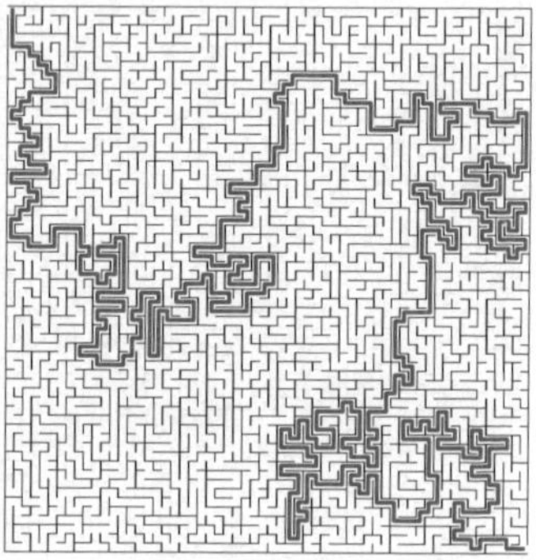

Answer **091**

Answer **092**

Answer **093**

Answer **094**

Answer **095**

Answer **096**

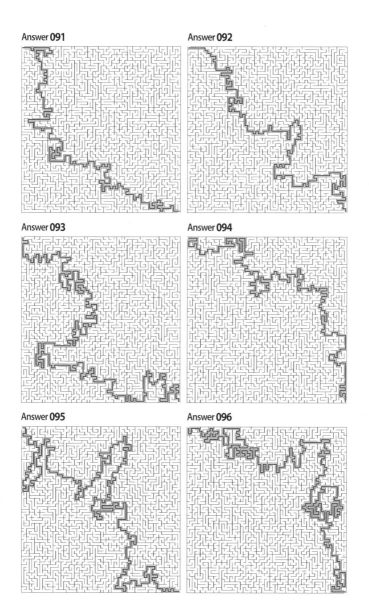

Answer **097**

Answer **098**

Answer **099**

Answer **100**

Answer **101**

Answer **102**

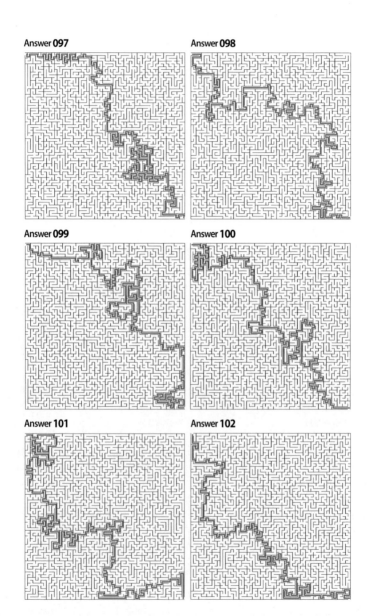

Answer **103**　　　　　　　　Answer **104**

Answer **105**　　　　　　　　Answer **106**

Answer **107**　　　　　　　　Answer **108**

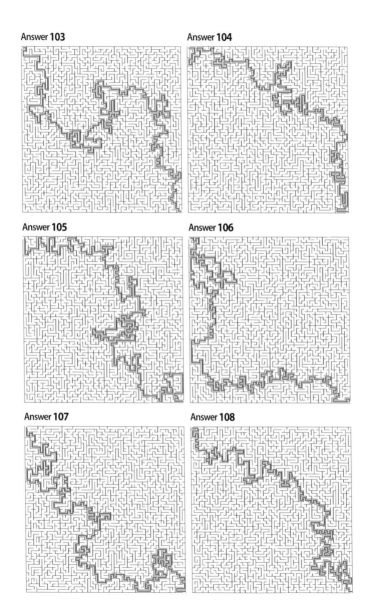

Answer **109**

Answer **110**

Answer **111**

Answer **112**

Answer **113**

Answer **114**

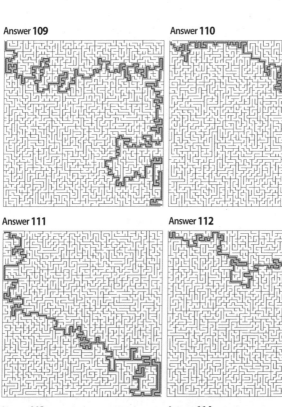

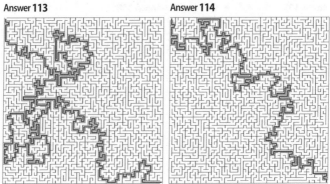

Answer **115**

Answer **116**

Answer **117**

Answer **118**

Answer **119**

Answer **120**

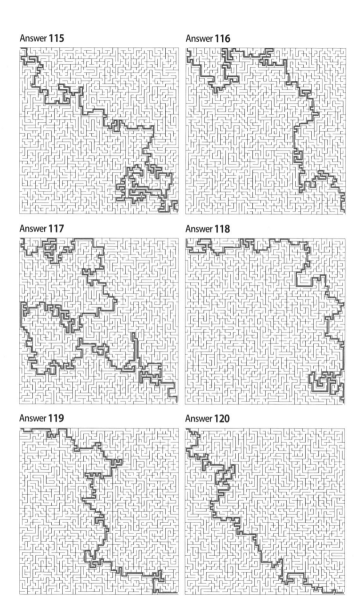

Answer **121**

Answer **122**

Answer **123**

Answer **124**

Answer **125**

Answer **126**

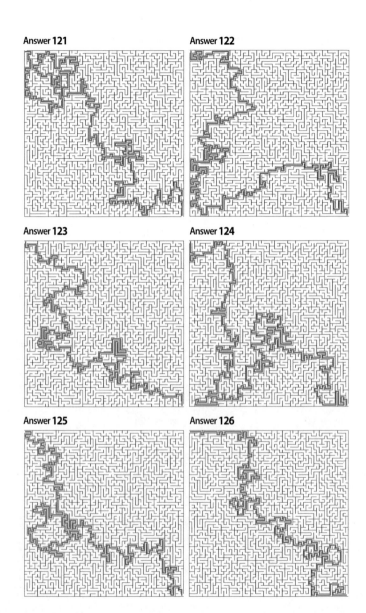

Answer **127**

Answer **128**

Answer **129**

Answer **130**

Answer **131**

Answer **132**

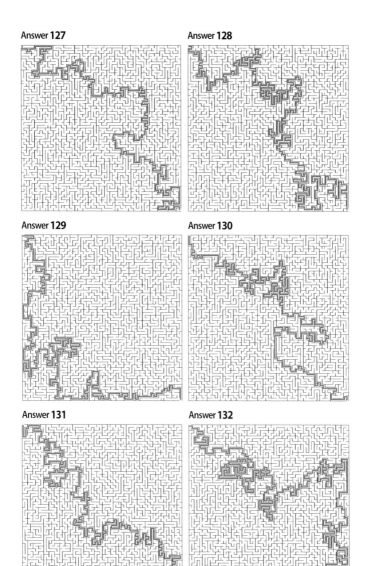

Answer **133**

Answer **134**

Answer **135**

Answer **136**

Answer **137**

Answer **138**

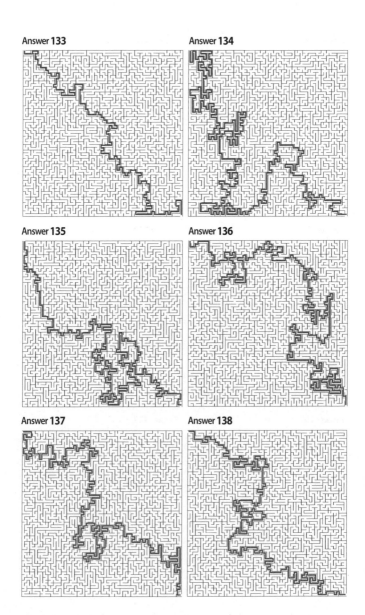

Answer **139**

Answer **140**

Answer **141**

Answer **142**

Answer **143**

Answer **144**

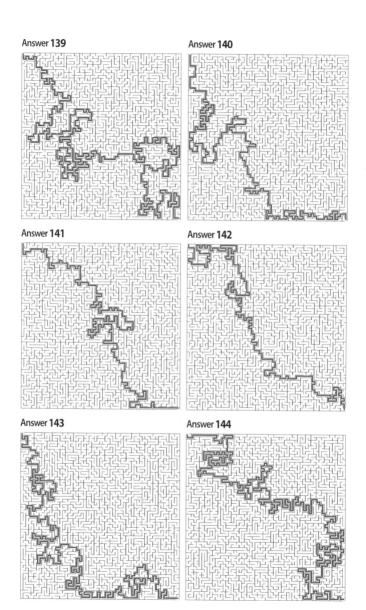

Answer **145**

Answer **146**

Answer **147**

Answer **148**

Answer **149**

Answer **150**

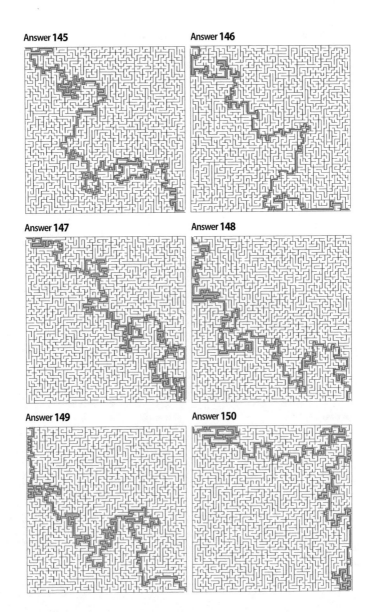

Answer **151**

Answer **152**

Answer **153**

Answer **154**

Answer **155**

Answer **156**

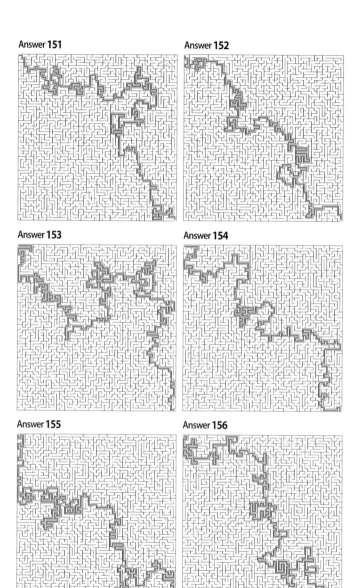

Answer **157**

Answer **158**

Answer **159**

Answer **160**

Answer **161**

Answer **162**

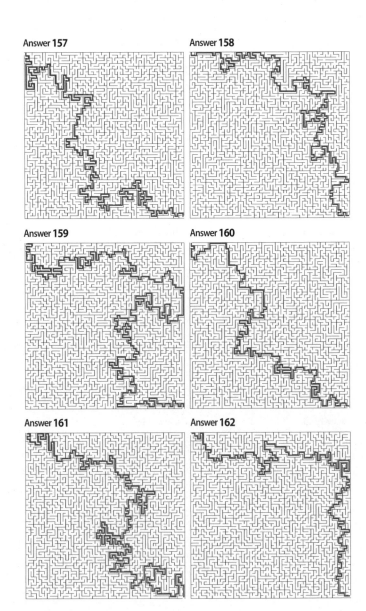

Answer **163**

Answer **164**

Answer **165**

Answer **166**

Answer **167**

Answer **168**

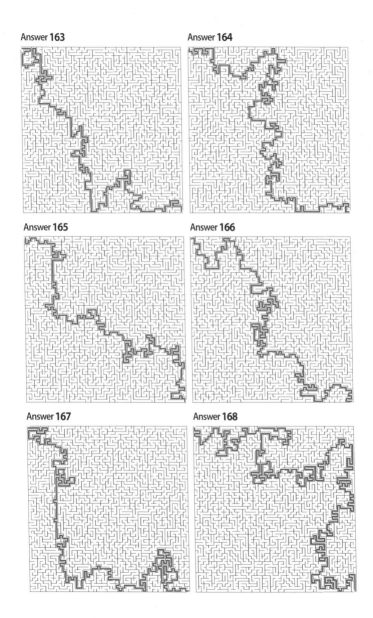

Answer **169**

Answer **170**

Answer **171**

Answer **172**

Answer **173**

Answer **174**

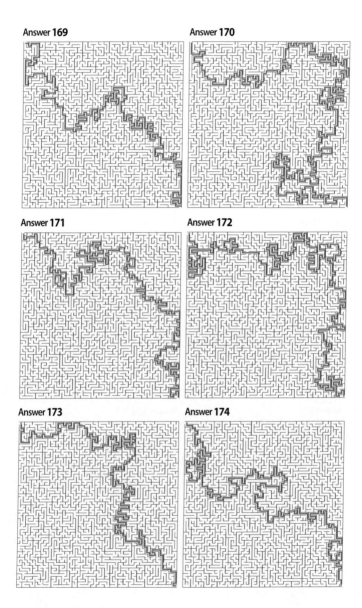

Answer **175**

Answer **176**

Answer **177**

Answer **178**

Answer **179**

Answer **180**

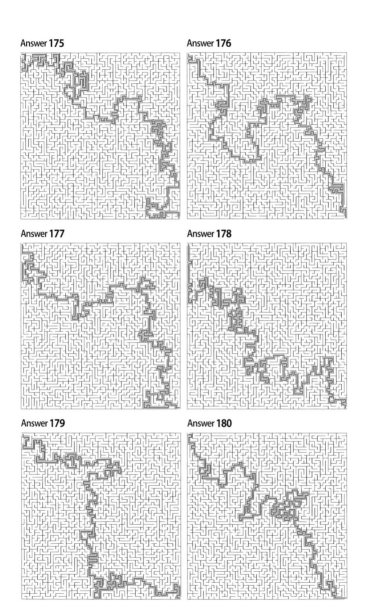

Answer **181**

Answer **182**

Answer **183**

Answer **184**

Answer **185**

Answer **186**

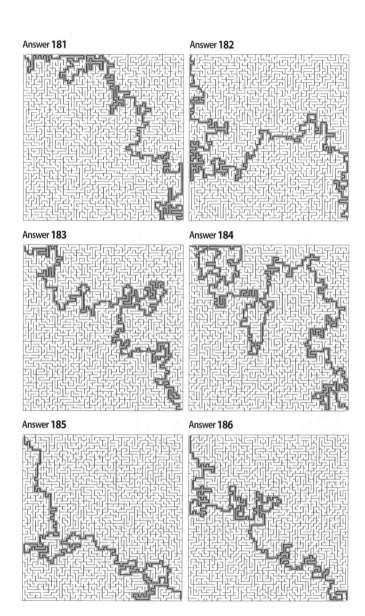

Answer **187**

Answer **188**

Answer **189**

Answer **190**

Answer **191**

Answer **192**

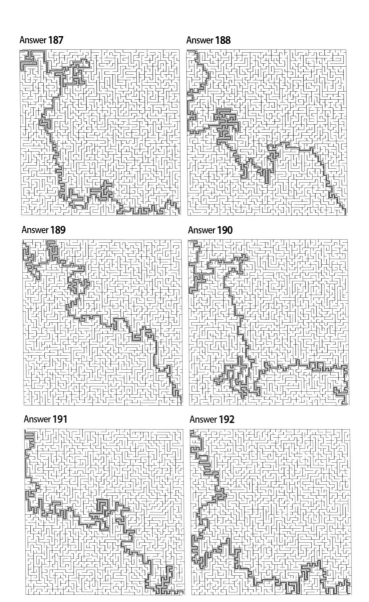

Answer **193**　　　　　　Answer **194**

Answer **195**　　　　　　Answer **196**

Answer **197**　　　　　　Answer **198**

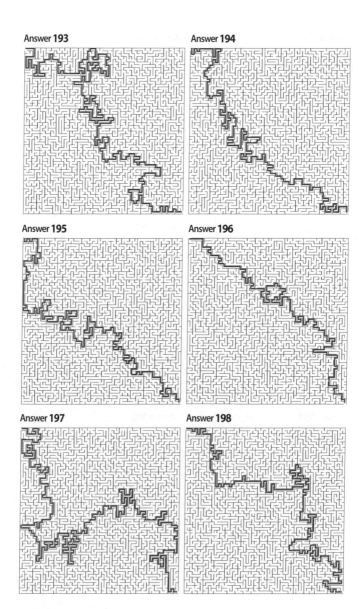

Answer **199**

Answer **200**

Answer **201**

Answer **202**

Answer **203**

Answer **204**

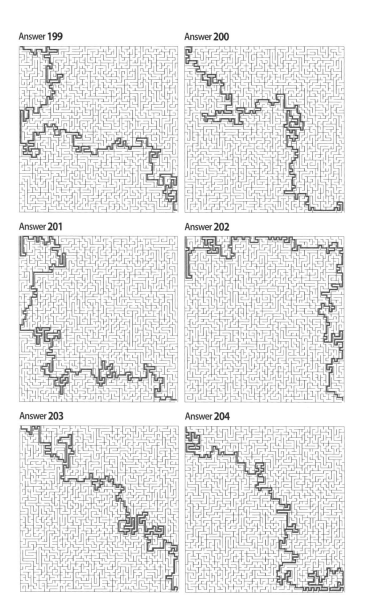

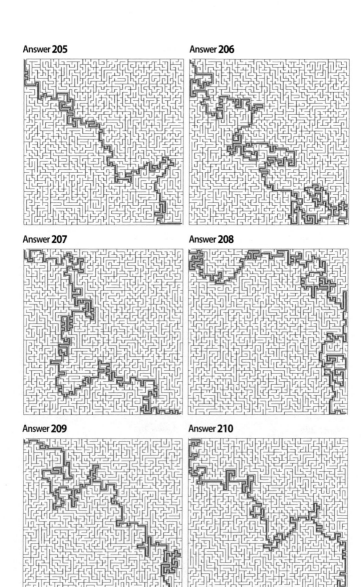

Answer **205**

Answer **206**

Answer **207**

Answer **208**

Answer **209**

Answer **210**

Answer **211**

Answer **212**

Answer **213**

Answer **214**

Answer **215**

Answer **216**

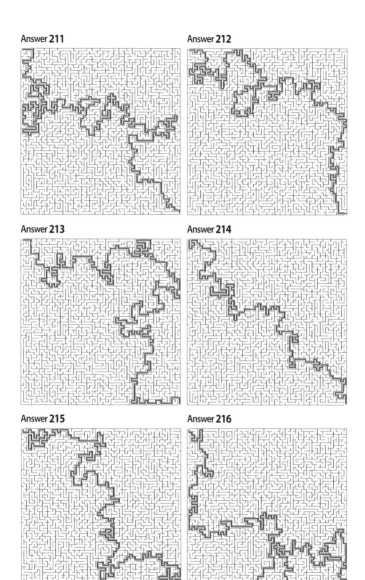

Answer **217**

Answer **218**

Answer **219**

Answer **220**

Answer **221**

Answer **222**

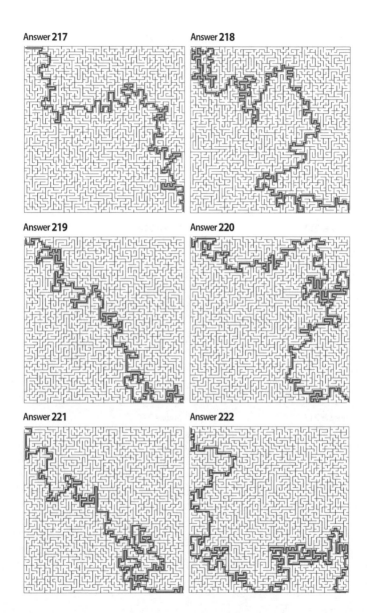

Answer **223**

Answer **224**

Answer **225**

Answer **226**

Answer **227**

Answer **228**

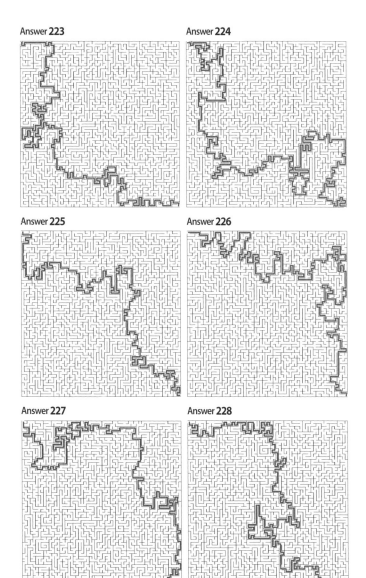

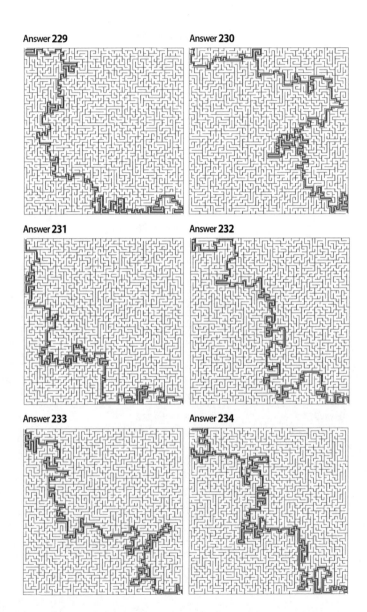

Answer **229**

Answer **230**

Answer **231**

Answer **232**

Answer **233**

Answer **234**

Answer **235**

Answer **236**

Answer **237**

Answer **238**

Answer **239**

Answer **240**

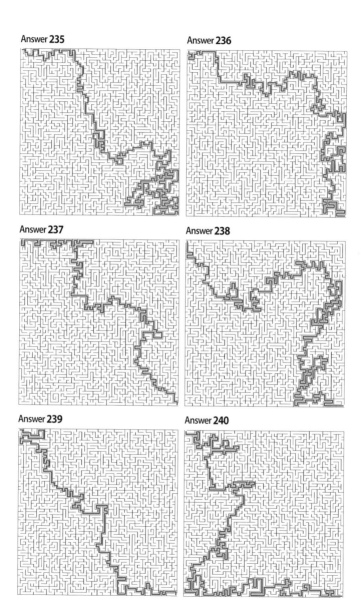

Answer **241**

Answer **242**

Answer **243**

Answer **244**

Answer **245**

Answer **246**

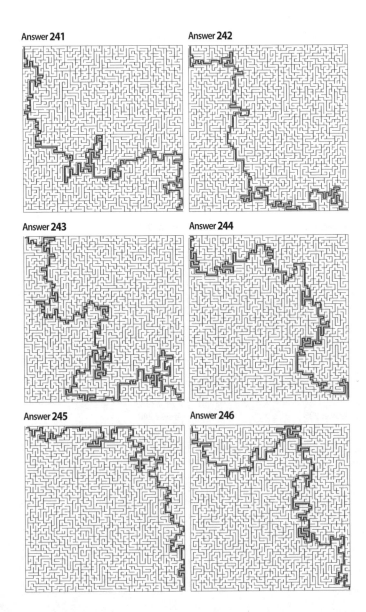

Answer **247**

Answer **248**

Answer **249**

Answer **250**

Answer **251**

Answer **252**

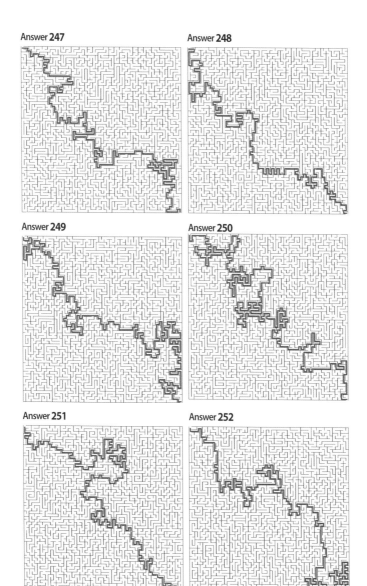

Answer **253**

Answer **254**

Answer **255**

Answer **256**

Answer **257**

Answer **258**

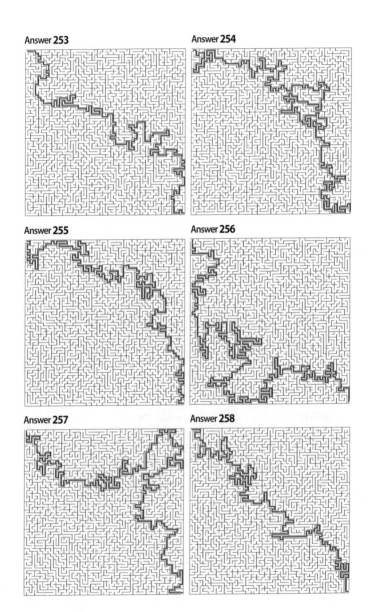

Answer **259**

Answer **260**

Answer **261**

Answer **262**

Answer **263**

Answer **264**

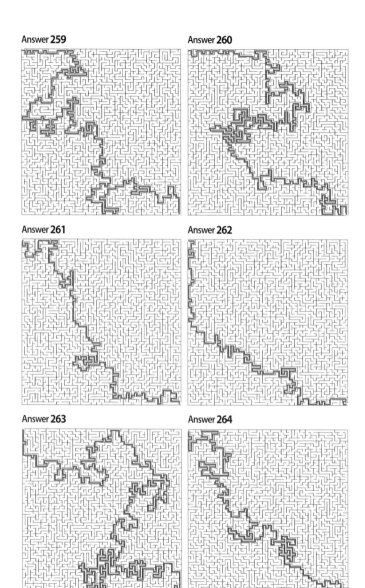

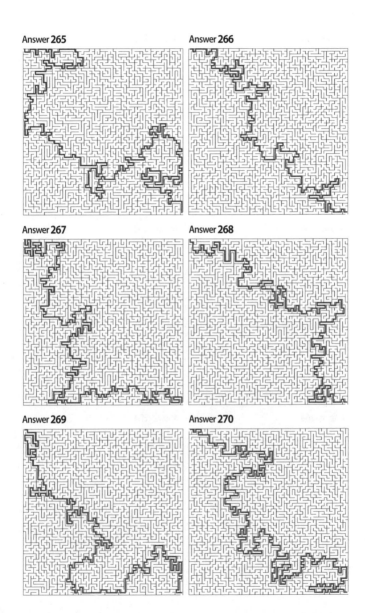

Answer **265**

Answer **266**

Answer **267**

Answer **268**

Answer **269**

Answer **270**

Answer **271**

Answer **272**

Answer **273**

Answer **274**

Answer **275**

Answer **276**

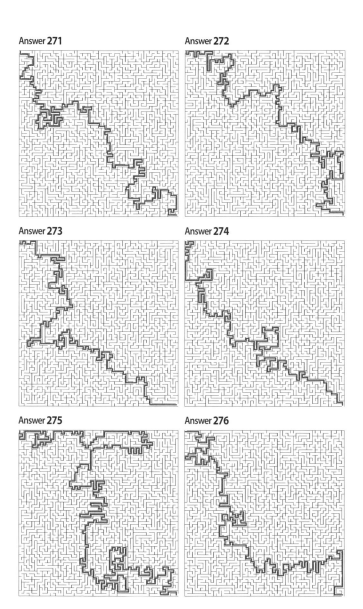

Answer **277** Answer **278**

Answer **279** Answer **280**

Answer **281** Answer **282**

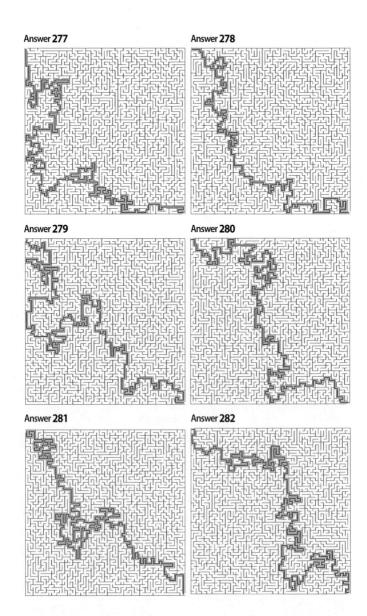

Answer **283**   Answer **284**

Answer **285**   Answer **286**

Answer **287**   Answer **288**

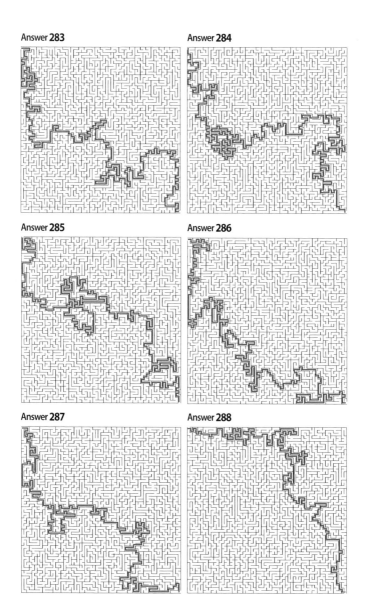

Answer **289**   Answer **290**

Answer **291**   Answer **292**

Answer **293**   Answer **294**

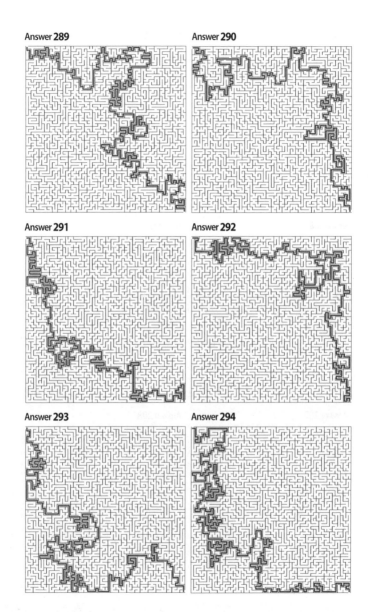

Answer **295**

Answer **296**

Answer **297**

Answer **298**

Answer **299**

Answer **300**

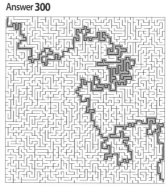

Answer **301**

Answer **302**

Answer **303**

Answer **304**

Answer **305**

Answer **306**

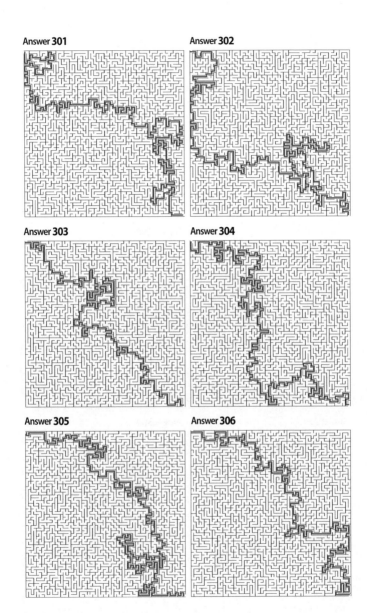

Answer **307**

Answer **308**

Answer **309**

Answer **310**

Answer **311**

Answer **312**

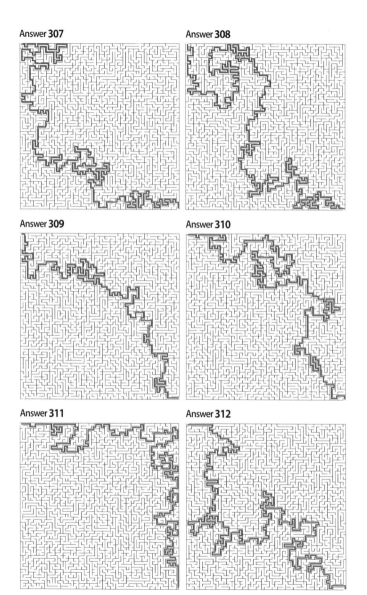

Answer **313**

Answer **314**

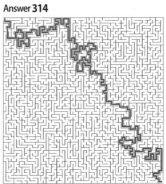

Answer **315**

Answer **316**

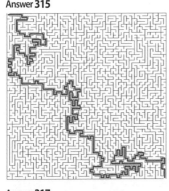
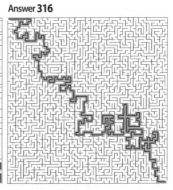

Answer **317**

Answer **318**

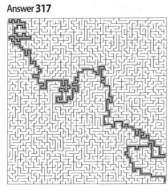
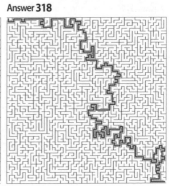

Answer **319**

Answer **320**

Answer **321**

Answer **322**

Answer **323**

Answer **324**

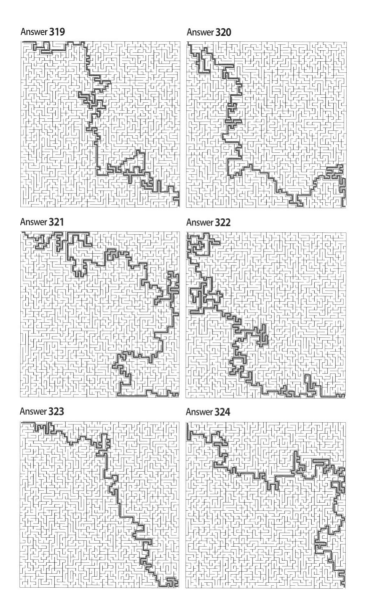

Answer **325**

Answer **326**

Answer **327**

Answer **328**

Answer **329**

Answer **330**

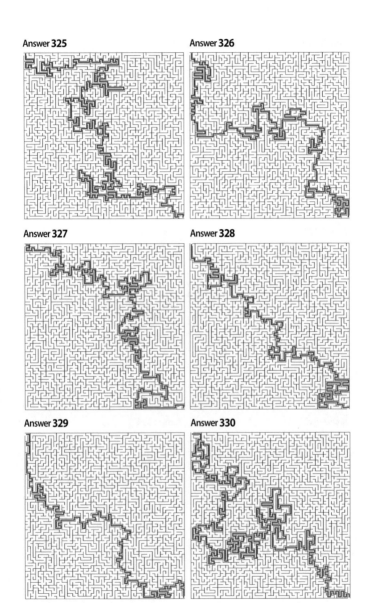

Answer **331**

Answer **332**

Answer **333**

Answer **334**

Answer **335**

Answer **336**

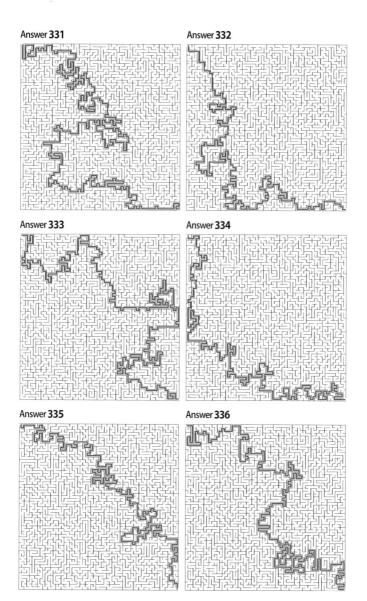

Answer **337**

Answer **338**

Answer **339**

Answer **340**

Answer **341**

Answer **342**

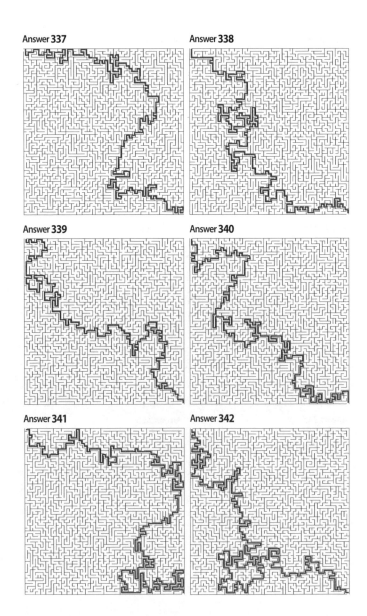

Answer **343**

Answer **344**

Answer **345**

Answer **346**

Answer **347**

Answer **348**

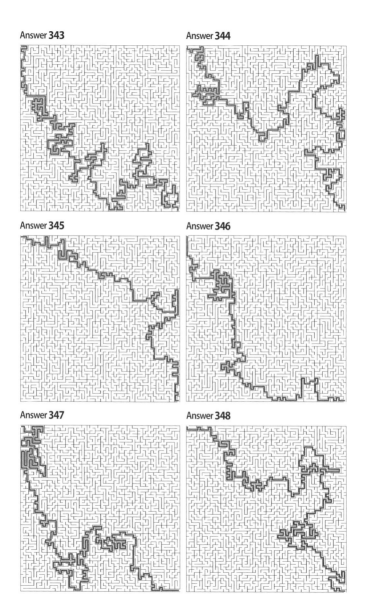

Answer **349**

Answer **350**

Answer **351**

Answer **352**

Answer **353**

Answer **354**

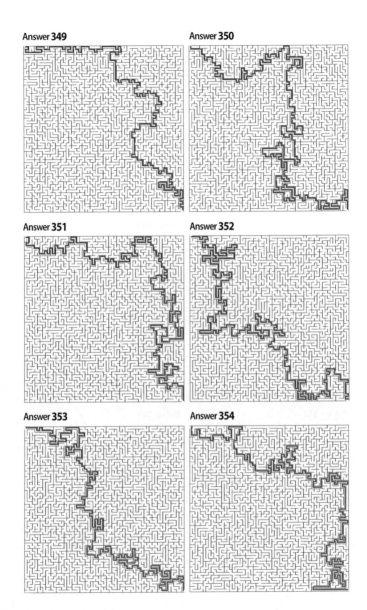

Answer **355**

Answer **356**

Answer **357**

Answer **358**

Answer **359**

Answer **360**

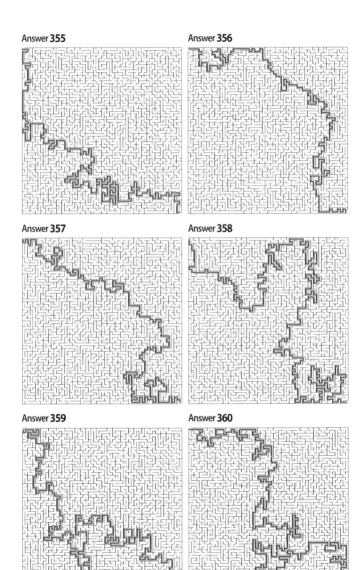

Question **361**

Question **362**

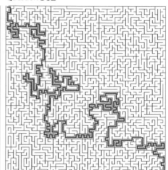

Question **363**

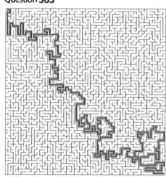

Question **364**

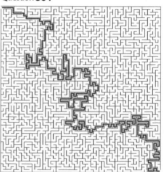

Question **365**

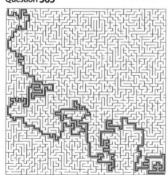

길찾기 미로게임 365
PREMIUM

1쇄 발행	2023년 12월 01일

지은이	Maze Creative Academy
펴낸이	김왕기
편집부	원선화, 김한솔
디자인	푸른영토 디자인실

펴낸곳	**푸른e미디어**
주소	경기도 고양시 일산동구 장항동 865 코오롱레이크폴리스1차 A동 908호
전화	(대표)031-925-2327, 070-7477-0386~9 · 팩스	031-925-2328
등록번호	제2005-24호(2005년 4월 15일)
홈페이지	www.blueterritory.com
전자우편	designkwk@me.com

ISBN 979-11-88287-46-8   14410
ⓒMaze Creative Academy, 2023

푸른e미디어는 (주)푸른영토의 임프린트입니다.